FORSCHUNGSBERICHT DES LANDES NORDRHEIN-WESTFALEN

Nr. 2573/Fachgruppe Hüttenwesen/Werkstoffkunde

Herausgegeben im Auftrage des Ministerpräsidenten Heinz Kühn
vom Minister für Wissenschaft und Forschung Johannes Rau

Prof. Dr.-Ing. Helmut Winterhager
Dr.-Ing. Wolfgang Krajewski
Institut für Metallhüttenwesen und Elektrometallurgie
der Rhein.-Westf. Techn. Hochschule Aachen

Einfluß geringer Zusätze
von Edelmetallen
auf das Hochtemperatur-Oxydations-Verhalten
korrosionsfester Kobaltbasislegierungen

Westdeutscher Verlag 1976

ISBN-13: 978-3-531-02573-5   e-ISBN-13: 978-3-322-88312-4
DOI: 10.1007/978-3-322-88312-4

Inhalt

1.   Einleitung

Die industriell verwendete Kobaltbasislegierung (47-52
Massen-% Co, 26-30% Cr, 21-23% Fe) [1-3] "UMCo50" bzw.
"Thermax 13 Co", besitzt zwar keine sehr gute Zeitstand-
festigkeit [1-3], aber hervorragenden Wärmeschock- und sehr
guten Korrosionswiderstand gegen Luft und schwefelhaltige
Atmosphäre bis zu 1200°C sowie auch ausreichende Beständig-
keit gegen Schwefel- und Salpetersäure [4] sowie NE-Metall-
Betriebsschlacken [9]. Infolge der positiven Eigenschaften
hat sich diese hoch-hitzebeständige Legierung beim Einsatz im
Industrieofenbau und Kesselbau, in Gießereien, Schmieden,
Metallgewinnungs- und Metallverarbeitungsbetrieben, als
Schweißelektroden sowie in der Feuerfest- und Glasindustrie
bestens bewährt [1,3-14].

Im Gleichgewicht liegt UMCo50 bei R.T. mit heterogenen Gefüge
$(\varepsilon+\sigma)$, bei 700°C als $(\gamma+\sigma)$, jedoch bei 1200°C als homogener
Mischkristall (γ) vor (Abbildung 1) [4,15-18]. $(\varepsilon \hat{=}$ heagonale
Phase; $\sigma \hat{=}$ isomorphe, stapelfehlerreiche Phase; $\gamma \hat{=}$ austenitische
kfz Phase [3]). Da die chromreiche σ-Phase bei höheren Tempera-
turen nahe 1200°C nicht mehr existent ist, kann in diesem
Temperaturbereich mit dem Auftreten einiger Änderungen der
Werkstoffeigenschaften gerechnet werden [2].

Die Oxydationskonstante, bezogen auf den Gewichtsverlust, der
Co-Cr-Fe-Legierung ("UMCo50") [4,8,12] wurde bei 1200°C in
Luft mit 0,89 bis 1,4 $[g/m^2 \cdot h]$ [4], bei 1050 bzw. 1100°C in
ruhender Luft mit ~0,33 $[g/m^2 \cdot h]$, bei 1200°C mit ~0,58
$[g/m^2 \cdot h]$, bei 1300°C mit 1,86 $[g/m^2 \cdot h]$ (Abbildung 2) ermittelt. M. URBAIN u.a. [3] fanden einen Gewichtsverlust von
0,89 $[g/m^2 \cdot h]$ im 144-Stunden-Versuch in Luft bei 1200°C;
beim Abkühlen platzen die gebildeten Zunderschichten nahezu
vollständig ab [4]. Die verhältnismäßig geringe Zunderge-
schwindigkeit erfüllt bestens die Forderung an ein zunder-
beständiges Material [19]; der maximal zulässige Gewichtsverlust beim 120-Stunden-Versuch darf 2 bis 2,5 $[g/m^2 \cdot h]$
nicht übersteigen.

Da die Co-27 Cr-21 Fe-Legierung der bemerkenswerten Wärme-
schock- und Temperaturwechselbeständigkeit entsprechend

industriell bei höheren Temperaturen im Kontakt mit meist
oxydierenden Gasen eingesetzt wird, kommt nicht allein
der einmaligen Bildung eines chromoxidreichen und
schützenden Zunders Beachtung zu, sondern vor allem auch
der Haftfestigkeit und Temperaturwechselbeständigkeit des
Zunders am Metall sowie auch einer ausreichenden Chromdiffusion aus der Legierung zur Reaktionsphasengrenze
Metall/korrodierendes Gas, damit eine dauerhaft schützende
und bei Rißbildung ausheilende Cr_2O_3- reiche Zunderschicht
gebildet werden kann.

2	Eigene Untersuchungen
2.1	Untersuchungsverfahren
2.1.1	Dilatometrie

In einem bereits an anderer Stelle [20,21,22] ausführlich
beschriebenen elektronischen Vakuum-Hochtemperatur-Dilatometer
wurde das thermische Ausdehnungsverhalten untersucht. Die
Probenabmessungen betrugen 5 mm $\emptyset$ und 30 mm Länge, die
Temperaturänderungsgeschwindigkeiten $2^oC/min$.

2.1.2   Thermogravimetrie

Thermogravimetrisch wurde über 20 Stunden die Gewichtszunahme der Proben während der Oxydation bei konstanter
Temperatur anhand von Thermowaagenversuchen ermittelt. Aus
den Zeit— Gewichtsänderungs-Diagrammen wurden die "Tammann-
Wagnerschen Zunderkonstanten"[22-24], $K\ [g^2/m^4 \cdot h]$, berechnet.
Da der elektronische Leistungsregler der Thermowaagen nicht
genau 1000, 1100, 1200 bzw. 1300^oC ansteuert, wurden die
für diese Temperaturen zu ermittelnden Zunderkonstanten nach
halblogarithmischer graphischer Auftragung der Versuchsergebnisse lgK gegen 1/T bestimmt.
Die Genauigkeit der Gewichtsmessung in den Thermowaagen mit
Gasspülung (150 ml Reaktionsgas/min) beträgt 0,3 mg. Die
Bestimmung der Zunderkonstanten der untersuchten Legierungs-
proben (5 mm $\emptyset$; 15 mm Länge) erfolgte im 20-Stunden-Versuch
mit einer Genauigkeit von etwa $\pm$ 5%, worin der Einfluß der
Probenoberflächenänderung während der Oxydation nicht erfaßt

ist. Die Proben wurden innerhalb von 15 bis 20 min auf die
Reaktionstemperatur aufgeheizt; eine eventuell auftretende
Voroxydation im Bereich des Aufheizens ist in den er-
mittelten Zunderkonstanten eingeschlossen.

2.1.3   Mikrosondenuntersuchungen

Um den Aufbau der Oxidschichten aufzuzeigen und eine Deutung
der Oxydationsmechanismen zu ermöglichen, wurden die
oxydierten Proben in einem Elektronenstrahlmikroanalysator
(Mikrosonde), Typ Micro-Scan Mk II A, der Fa. Cambridge
Instruments, England, untersucht. Hierzu wurden die in
"Araldit" eingebetteten zylindrischen Proben an einer Stirn-
fläche angeschliffen.

2.2   Wärmeausdehnungs- und Oxydationsversuche
2.2.1   Co-Cr-Fe-Legierung ohne Zusätze

In Tabelle 1 sind einige physikalische Werkstoffdaten der
untersuchten Kobaltlegierung angeführt.

2.2.1.1   Wärmeausdehnungsverhalten

Im Temperaturbereich von 658 bis 733°C liegt die Gittertransformation hexagonal-dichtest-gepackt $\rightleftharpoons$ kubisch-
flächenzentriert ($\varepsilon \rightleftharpoons \gamma$), die mit einer Volumenzunahme beim
Aufheizen und reversibler Volumenabnahme beim Abkühlen ver-
bunden ist (Abbildung 3). Eine unmittelbare Beeinflussung
dieser Gittertransformation auf die Oxydationsversuche bei
1000 bis 1300°C ist nicht zu erwarten, doch wird der Volumen-
schwund des Metalls beim Abkühlen die Abplatzneigung der als
spröde bekannten Cr_2O_3-Schichten [25,26] verstärken.

2.2.1.2   Oxydationsverhalten bei 1000 bis 1300°C in
                 Stickstoff, Luft und reinem Sauerstoff

Entsprechend der hohen Reaktionsgeschwindigkeit des Chroms
mit Stickstoff [27] war eine starke Korrosion der Co-Cr-Fe-
Legierung in Stickstoff zu erwarten, was durch die Versuchs-

ergebnisse bestätigt wird (Abbildung 4, Tabelle 2). Die
Zunderkonstanten liegen für Stickstoff wesentlich über
denjenigen von Luft und reinem Sauerstoff. Bei Oxydation
in Luft konnten anhand von Röntgenfeinstrukturuntersuchungen
keine Nitride in der Zunderschicht nachgewiesen werden,
was aufgrund der freien Reaktionsenthalpien [28] der Oxide
und Nitride von Co, Cr und Fe auch zu erwarten war. Das
Erscheinungsbild der in Stickstoffatmosphäre korrodierten
Proben (Abbildung 5) gleicht stark dem der in Luft oder
Sauerstoff oxydierten (Abbildung 6).
Aus Abbildung 5 ist ersichtlich, daß die Legierung bei $1100^{\circ}C$
noch heterogen, bei $1200^{\circ}C$ homogen vorliegt.
Die ermittelten Zunderkonstanten der elektronenstrahlge-
schmolzenen Co-Cr-Fe-Legierung (~52,3 Co; ~26,4 Cr; ~21,3 Fe;
600 ppm C; 30 ppm O; 70 ppm N) liegen für Oxydation in Luft
bei 1100 bis $1300^{\circ}C$ zwischen 2 und 141 $[g^2/m^4 \cdot h]$
(Tabelle 1). Diese Werte liegen im Vergleich mit Schrifttumsangaben verhältnismäßig hoch, was aber auf die Versuchs-
zeit von nur 20 Stunden zurückzuführen ist, da die zu
Korrosionsbeginn stärkere Gewichtszunahme bis zur Ausbildung
einer ersten geschlossenen Zunderschicht stärker ins Ge-
wicht fällt. Extrapolation der Versuchswerte auf 144 Stunden
führt zu Übereinstimmung mit bereits veröffentlichten
Werten [4].
Für die Chromoxydation wird von einigen Autoren auf die
merkliche Chromverdampfung oberhalb von $825^{\circ}C$ hingewiesen [25,29,
30], deren Geschwindigkeit bei $1000^{\circ}C$ gleich der Diffusionsgeschwindigkeit der Chromionen ist [25]. Oxidschichten
scheinen das Verdampfen von Chrom solange nicht zu beeinflussen, wie die Diffusionsgeschwindigkeit der Chromionen
größer als die Verdampfung des Chroms ist, das an der
Phasengrenze Oxid/Gas abdampft [29]. Bei $1000^{\circ}C$ beträgt die
Chromverdampfung 0,49 $[g^2/m^4 \cdot h]$ [25]. Die Werte für das
Abdampfen von Chromoxid, meist in Form von CrO_3 [31-34], bei
$1000^{\circ}C$ $1,7 \cdot 10^{-4}$ $[g^2/m^4 \cdot h]$, liegen erheblich unterhalb
der Angaben für die Metallverdampfung.

Eine geringe, aber merkliche Chromverdampfung aus den
Proben konnte anhand eines Niederschlages an kühlen Stellen
der Versuchsanlage bei allen Oxydationsversuchen ermittelt
werden.
In Abbildung 6 ist die Mikrosondenaufnahme einer bei 1200°C
in reinem Sauerstoff oxydierten Probe der Co-Cr-Fe-Legierung
angeführt. Bemerkenswert sind die chromreiche innere Oxidschicht (Cr_2O_3) mit außen etwas Kobalt- und Eisen-Oxid bzw.
Spinell, zusätzlich die verhältnismäßig starke Chromverarmung der Metallrandschicht, was auf nicht ausreichende
Chromdiffusion aus dem Metallinneren zur Metalloberfläche
hinweist. Deutlich sind die stark zerklüftete Metalloberfläche sowie die Leerstellenagglomerationen in der Metallrandzone zu erkennen. Ein Teil der Metalldiffusion scheint
bevorzugt über die Korngrenzen zu erfolgen, da hier größere
Hohlräume auftreten. Diese "Kirkendall-Porositäten" sind
für chromhaltige Legierungen bekannt [35]. Beim Abkühlen
platzen die gebildeten Oxidschichten nahezu vollständig
ab. Zusätzlich zur bereits angeführten Gitterumwandlung bei
etwa 700°C kann hierfür noch der Unterschied der mittleren
linearen thermischen Ausdehnungskoeffizienten der Legierung
($\beta^{1000}_{o} = 16{,}8 \cdot 10^{-6} \left[K^{-1}\right]$, Tabelle 1) und einer Cr_2O_3 -
Schicht ($\beta^{1000}_{1000} = 7{,}3 \cdot 10^{-6} \left[K^{-1}\right]$ [36,37]) Ursache sein.

2.2.2   Einfluß der Zusätze an Gold, Palladium und
                Platin.

Die untersuchten Edelmetalle sind in Kobalt, Eisen und Chrom
löslich, wenn auch in stark unterschiedlichem Maße [38].
Legierungstechnisch konnten die Edelmetalle (2,1% Au; 2,5% Pd;
0,54% Pt) problemlos der Co-Cr-Fe-Legierung zugesetzt werden.

2.2.2.1   Wärmeausdehnungsverhalten

Da die Edelmetalle die ε- α -Gittertransformation von Rein-
kobalt beeinflussen [39], waren entsprechende Ergebnisse auch
für die Co-Cr-Fe-Edelmetall-Legierungen zu erwarten.
Abbildung 7 gibt die Ergebnisse wieder.

Der Einfluß der Edelmetallzusätze auf den thermischen
Ausdehnungskoeffizienten ist nur gering. Der Volumensprung bei der Gitterumwandlung wird durch 0,54% Pt von
etwa $6 \cdot 10^{-2}$ [Längen-%] auf $7,5 \cdot 10^{-2}$ [Längen-%] erhöht;
2,1% Au senken die Volumenzunahme auf $3 \cdot 10^{-2}$, 2,5% Pd auf
$2,5 \cdot 10^{-2}$ [Längen-%]. Die Rückumwandlung beim Abkühlen erfolgt
erst unterhalb von 100°C, wodurch eine starke Hyterese
auftritt. 0,54% Pt führen zu höherer Rückumwandlungs-
temperatur, 2,1% Au bzw. 2,5% Pd verzögern die Rückumwandlung
der Co-Cr-Fe-Legierung.

2.2.2.2   Oxydationsverhalten bei 1000 bis 1300°C
                 in Luft und reinem Sauerstoff

Da Gold und Palladium in Konzentrationen um 2,5%, Platin
bei 0,5% den Korrosionswiderstand von Kobalt erhöhen [23],
wurden entsprechende Konzentrationen der Co-Cr-Fe-Legierung
zugesetzt. Entsprechend der Einflußnahme von Fremdionen
auf die Leerstellenkonzentration im fehlgeordneten Kobalt-
oxid (Abbildung 8) wurde für die Edelmetalle erwartet,
daß sie die Leerstellenkonzentration im Oxid herabsetzen,
da sie entsprechend ihrem "inerten Verhalten" während der
Oxydation in metallisch feinverteilter Form in das Oxid bei
fortschreitender Oxydation eingebaut werden [23]. Abbildung 9
zeigt anschaulich dieses Verhalten im Falle von Kobalt-
Edelmetall-Legierungen. Die Edelmetallzusätze nehmen in
Abhängigkeit von Temperatur und Sauerstoffpartialdruck
unterschiedlichen Einfluß auf den Korrosionswiderstand der
Co-Cr-Fe-Legierung (UMCo50) wie Tabelle 1 und den Abbildungen 10 und 11 zu entnehmen ist. Platin und Gold erhöhen
in Sauerstoff bis zu 1200°C den Korrosionswiderstand der
Legierung merklich um den Faktor 2 bis 5; bei 1000°C ist
die Verbesserung durch Platin am stärksten. Bei Oxydation
in Luft führen die Edelmetallzusätze, vor allem Palladium,
zur Verschlechterung des Oxydationsverhaltens, was auf
"oxydationskatalytische" Wirkung zurückgeführt werden kann.
Beim Sauerstoffpartialdruck von 1.013 bar (reiner Sauerstoff) tritt der verschlechternde Einfluß durch einen
Edelmetallzusatz erst bei 1300°C auf. Hierbei muß beachtet

werden, daß die Schmelztemperatur von Gold (1063°C) über-
schritten ist, die entsprechenden Temperaturen von
Palladium (1552°C) und Platin (1769°C) dagegen noch nicht
erreicht sind.

Hervorzuheben sind die merklichen Verbesserungen des
Oxydationswiderstandes in reinem Sauerstoff, vor allem bei
1000°C wobei mit 0,54% Pt die Oxydationsgeschwindigkeit
auf 1/3, durch 2,1% Au und 2,5% Pd auf die Hälfte gesenkt
werden kann (Tabelle 1). Wie den Mikrosondenaufnahmen in
den Abbildungen 11 und 12 zu entnehmen ist, senken die
Edelmetallzusätze nicht die Chromverarmung in der Metallrandzone. Die Edelmetalle verbleiben in weitgehend gleich-
mäßiger Konzentration im Metall; Platin und Gold werden im
Gegensatz zu Palladium in feiner Verteilung in die chromreiche Oxidschicht (Cr_2O_3) eingebaut, wodurch kationen-
diffussionshemmende Wirkung auftreten kann. Die Haftfestigkeit der Oxidschichten wird merklich erhöht. Bei 1300°C
agglomeriert Palladium in den gebildeten Oxidschichten zu
größeren Partikeln; die Metalloberfläche wird im Vergleich
zu den übrigen Legierungen stärker angegriffen (Abbildung 13).
Obwohl Platin und Gold noch in der chromreichen Zunderschicht nachzuweisen sind (Abbildung 13), geht bei 1300°C
der bei niedrigen Temperaturen positive Einfluß auf die
Oxydationsfestigkeit verloren, was auf zunehmend "oxydationskatalytische" Wirkung oder steigende Agglomerationsneigung
zurückgeführt werden kann. Hervorzuheben ist jedoch, daß die
vorliegenden Versuchstemperaturen (1309 bis 1312°C) nur
etwa 85°C unter der Solidustemperatur der Cc-Cr-Fe-
Legierung (1395°C) liegen. Zusammenfassend kann festgestellt
werden, daß die gewählten Edelmetallzusätze von 2,1% Au, und
0,54 Pt zu merklichen Verbesserungen des Oxydationswiderstandes in reinem Sauerstoff sowie einer Erhöhung der
Temperaturwechselbeständigkeit und Haftfestigkeit des
Oxides am Metall führen, was vor allem für Temperaturen von
1000 bis 1200°C gilt, wobei 1200°C die äußerst mögliche,
wirtschaftlich sinnvolle Einsatztemperatur der Cr-Cr-Fe-
Legierung im Hinblick auf die Solidustemperatur und vor
allem die Festigkeitswerte darstellt. Bei Oxydation in

Luft weist die reine Co-Cr-Fe-Legierung bessere Zunder-
festigkeit als die Legierungen mit Edelmetallzusätzen auf.

2.2.3. Einfluß der Erhöhung der Kohlenstoff-bzw.
Chromgehalte der Kobaltbasislegierung.

Da die Edelmetalle Platin und Gold nur bei hohem Sauerstoffpartialdrucken im Reaktionsgas zu Verbesserungen des
Oxydationswiderstandes der Co-27 Cr- 21 Fe-Legierung führen
und zudem sehr teure Legierungselemente darstellen, wurde
versucht, anhand der Erhöhung der Konzentrationen der
Legierungsbestandteile Kohlenstoff bzw. Chrom den Korrosionswiderstand zu verbessern.
Kohlenstoff in Hochtemperaturlegierungen kann bei der
Oxydation zum Auftreten von CO/CO_2-Gasgemischen in Hohl-
räumen der Oxidschicht [40] und damit zu Oxydationsbe-
schleunigung führen. Demgegenüber stehen Angaben von M. URBAIN[5],
der bei Untersuchungen an einer Co-Cr-Fe-Legierung keine
Verschlechterung des Oxydationsverhaltens durch Kohlen-
stoffzugabe ermittelte. Für Eisen-Kohlenstoff-Legierungen
tritt bei 0,8% ein Oxydationsmaximum auf [41]. In Kobalt-
legierungen erhöhen Kohlenstoffgehalte bis zu etwa 1% die
Zeitstandfestigkeit und die Verschleißfestigkeit [2,42-44].
Bei Kobalt führen 0,5%C zur Verbesserung des Oxydationswiderstandes, 1%C nur zu geringem Einfluß [23]. Die Erhöhung des Chromgehaltes kann zur Beständigkeit der chromreichen σ-Phase bei höheren Temperaturen und damit zu erhöhter
Korrosionsfestigkeit führen.

2.2.3.1 Oxydationsverhalten der Co-Cr-Fe-Legierung
mit Kohlenstoffgehalten zwischen 0,27 und
3,05% bei Temperaturen zwischen 1000 und
1200°C in Luft und reinem Sauerstoff.

Die Versuchsergebnisse (Tabelle 3 und Abbildung 14) zeigen
auf, daß bei 0,3 bis 0,5% C ein Oxydationsminimum auftritt. Die
Zunderkonstanten können auf etwa 1/3 des Wertes der reinen

Legierung (0,06%C) gesenkt werden. Neben der Einflußnahme
auf die Oxydationsfestigkeit erfolgt durch die Kohlenstoff-
zugabe eine merkliche Steigerung der Vickershärte (HV_{20})
(Tabelle 4) von 2737 $[N/mm^2]$ auf 4071 $[N/mm^2]$ bei 3,05%C.
Den Mikrosondenaufnahmen (Abbildungen 15 bis 18) ist zu
entnehmen, daß der Kohlenstoff die chromreiche σ-Phase
zunehmend stabilisiert und damit zu verbesserter Chromdiffusion im Metall führen müßte. Die Chromverarmung der
Metallrandschicht kann jedoch durch Kohlenstoffzusatz kaum
zurückgedrängt werden. Entsprechend der Kohlenstoffoxy-
dation führen C-Gehalte ab etwa 0,6 bis 0,9% zu starker
Hohlraumbildung der Metallrandzone, da CO/CO_2 gasförmig
entweichen.
Wie bereits durch Schrifttumsangaben [5] angedeutet wurde,
wirkt ein Zusatz von 0,3 bis 0,5%C günstig auf die
Korrosionsfestigkeit einer Co-Cr-Fe-Legierung ein, wozu
neben der Stabilisierung der chromreichen σ-Phase noch die
Erhöhung der Zunderhaftfestigkeit am Metall durch einen"Verkrallungseffekt" [23] mit der stark unebenen Metalloberfläche
beiträgt.

2.2.3.2   Oxydationsverhalten der Co-Cr-Fe-Legierung
               mit erhöhtem Chromgehalt zwischen 30 und
               40% bei 1100 bis 1200°C in Luft und reinem
               Sauerstoff

Die Erhöhung des Chromgehaltes der Co-27 Cr-21 Fe-Legierung
führt bei Oxydation in Luft nicht zu Verbesserungen des
Oxydationswiderstandes, vielmehr tritt für 1100°C bereits
Verschlechterung auf (Tabelle 3 und Abbildung 19). Dies
kann auf das mit steigendem Chromgehalt verstärkte Abdampfen von Chrom [25,29,30] zurückgeführt werden. Bei
Oxydation in reinem Sauerstoff führen erst Chromgehalte ab
ca. 35% zu Verbesserungen, was mit dem Ausbilden einer
stärker schützenden Cr_2O_3-reichen Oxidschicht zu deuten ist.
Der steigende Chromgehalt der Legierung führt zunehmend
zu Chromverarmung der Metallrandzone, was den Mikrosondenaufnahmen in Abbildung 20 zu entnehmen ist. Die Haftfestigkeit

der Oxidschichten am Metall kann durch erhöhten Chrom-
zusatz nicht verbessert werden. Legierungen mit mehr als
40% Cr konnten schmelztechnisch nicht mehr hergestellt
werden, da das Chrom nicht mehr vollständig in Lösung ging.
Zudem versprödete das Material, so daß es spanabhebend nicht
mehr bearbeitet werden konnte.
Allgemein kann man feststellen, daß eine Erhöhung des Chromgehaltes der Co-Cr-Fe-Legierung über etwa 27% hinaus nur
dann zu Verbesserungen der Oxydationsbeständigkeit führt,
wenn das Reaktionsgas hohe Sauerstoffpartialdrucke aufweist.
Im Falle industrieüblicher Abgase mit Sauerstoffpartialdrucken
meist unter 0,21 bar muß sogar bis zu 1100°C mit ver-
schlechterndem Einfluß gerechnet werden.

3.   Zusammenfassung

Dilatometrisch wurden das thermische Ausdehnungsverhalten
einer Co-27 Cr-21 Fe-Legierung sowie die Einflußnahme
der Zusätze von 2,1% Au, 2,5% Pd bzw. 0,54 Pt untersucht.
Hierbei konnte ein nur äußerst geringer Einfluß der Edelmetallzusätze auf den linearen thermischen Ausdehnungskoeffizienten ermittelt werden. Die Temperaturen sowie
der Volumensprung der Gitterumwandlung $\varepsilon \gamma$ unterliegen jedoch
Veränderungen; der Goldzusatz führt zur Erhöhung, Palladium
und Platin führen zur Erniedrigung dieser Werte.
Thermogravimetrisch wurden anhand von Thermowaagenversuchen
die Zunderkonstanten in Luft und Sauerstoff, in Stickstoff
allein für die reine Basislegierung, bei Temperaturen
zwischen 1000 und 1300°C in 20-Stunden-Versuchen ermittelt.
Es wurde der Einfluß der Legierungselemente Au (2,1%), Pd
(2,5%) Pt (0,54%), C (0,27% bis 3,05%) sowie Cr (30-40%)
bestimmt.
Von den Edelmetallen führen Gold und vor allem Platin zu
Verbesserungen der Zunderbeständigkeit bis zu 1200°C in
reinem Sauerstoff, wobei je nach Temperatur Verbesserungen
um den Faktor 2 bis 5 erreicht werden. In Luft führen
Edelmetallzusätze zur Verringerung der Oxydationsbeständigkeit der Basislegierung. Dieser Einfluß kann zum einen

auf das Nichteinbauen der Edelmetallpartikel in die nur
sehr dünn ausgebildete Oxidschicht oder auf "oxydationskatalytische" Wirkung der Edelmetalle zurückgeführt werden.
Beim Zusatz von Kohlenstoff tritt im Bereich von 0,3 bis
0,5 % C ein Oxydationsminimum in reinem Sauerstoff als
Reaktionsgas auf; in Luft wirken Kohlenstoffzusätze ver-
schlechternd auf den Oxydationswiderstand ein, wobei ein
Oxydationsmaximum bei etwa 1 % auftritt.
Erhöhung des Chromzusatzes auf 30, 34 bzw. 40 % führt nur
bei Oxydation in reinem Sauerstoff zu Verbesserungen der
Oxydationsfestigkeit der untersuchten Co-Cr-Fe-Legierung.
In Luft scheint die im Schrifttum angeführte Chromver-
dampfung bei dünnen Oxidschichten eine verstärkte Ausbildung
einer Cr_2O_3-reichen Schutzschicht zu unterbinden.
Vor allem die höheren Kohlenstoffgehalte und in geringerem
Maße auch die Edelmetallzusätze führen zur Erhöhung der
Oxidhaftfestigkeit am Metall, was insbesondere auf einen
"Verkrallungseffekt" des Oxids mit der stark unebenen Metall-
oberfläche zurückgeführt werden kann.
Zusammenfassend kann festgestellt werden, daß die untersuchten
Legierungselemente bei hohen Sauerstoffpartialdrucken im
Reaktionsgas zur Verbesserung der Oxydationsfestigkeit der
untersuchten Kobaltbasislegierung führen, wobei die Oxy-
dationsgeschwindigkeiten je nach Temperatur um 50 bis 80 %
gesenkt werden können.
Bei niedrigen Sauerstoffpartialdrucken um 0,21 bar zeigt die
reine Co-Cr-Fe-Legierung ohne Zusätze gleichen oder besseren
Oxydationswiderstand.

<u>Schrifttumsverzeichnis</u>

1) Urbain, M. und V. Rixhon
   Kobalt Nr. 17 (1962) S. 10-19

2) "Cobalt-Base Superalloys-1970" S. 4,8,23-25
   Ed.: Centre d'Information du Cobalt, Brüssel, Belgien

3) Urbain, M., P. Blavier und D. Coutsouradis
   J. Met. 16 (1964) S. 837-842

4) Habraken L. und D. Coutsouradis
   Cobalt Nr. 10 (1961) S. 3-21

5) Urbain, M.
   Kobalt Nr. 23 (1964) S. 55-61

6) Lechat, R. und C.P. Hallez
   Kobalt Nr. 27 (1965) S. 77-80

7) Kobalt und Industrie 2 (1973)
   Ed.: Centre d'Information du Cobalt, Brüssel, Belgien

8) Enöckel, H.
   Berg- und Hüttenmännische Monatshefte 114 (1969) S. 315-356

9) Kammel, R.
   Kobalt Nr. 21 (1963) S. 176-184

10) van Bleyenberghe, P.
    Cobalt No. 2 (1959) S. 3-10

11) Kobalt und Industrie 1 (1973)
    Ed.: Centre d'Information du Cobalt, Brüssel, Belgien

12) Anonym
    Kobalt Nr. 56 (1972) S. 99-113

13) Steinkusch, W.
    Kobalt 3 (1973) S. 54-59

14) Kobalt und Industrie 3 (1974)
    Ed.: Centre d'Information du Cobalt, Brüssel, Belgien

15) Rideout, S., W.D. Manly, E.L. Kamen, B.S. Lement
    und P.A. Beck, J. Met. 3 (1951) Trans. AIME S. 872 - 876

16) Giesen, K.
    "Kobalt und seine Legierungen"
    Landolt-Börnstein, 6. Aufl., IV. Band: Technik, S. 289

17) Cobalt Monograph (1960) S. 211-215
    Ed. Centre d'Information du Cobalt, Brüssel, Belgien

18) Morral, F.R., L. Habraken, D. Coutsouradis
    J.M. Drapier und M. Urbain
    Met. Eng. Quater-ly, Amer. Soc. Met. (1969) S. 1-16

19) Baur, O., O. Kröhnke und G. Masing
    "Die Korrosion metallischer Werkstoffe" Band 1 und 2
    Ed.: Verlag S. Hirzel, Leipzig (1936/38)

20) Krajewski, W., J. Krüger und H. Winterhager
    Metall 24 (1970) S. 480-487

21) Krajewski, W.
    Metall 27 (1973) S. 688-690

22) Krajewski, W. und H. Winterhager
    "Thermogravimetrische Oxydationsversuche und dilato-
    metrische Untersuchungen an binären Kobalt-Chrom-
    Legierungen."
    Thermochimica Acta 15 (1976) S. 189 - 203

23) Krajewski, W.
    "Einfluß von Legierungselementen auf die trockene Hoch-
    temperaturoxydation von Kobalt im Temperaturbereich von
    800°C bis 1000°C in Luft und reinem Sauerstoff".
    Dissertation in der RWTH Aachen (1971)

24) Winterhager, H., A. Kohler und W. Krajewski
    "Untersuchung zur trockenen Hochtemperaturkorrosion von
    technisch genutzten Titanbasislegierungen."
    Forsch. Bericht des Landes NRW (1976)

25) Gulbransen, E.A. und K.F. Andrew
    J. Electrochem. Soc. 104 (1957) S. 334-338

26) Evans, E.B.
    Corrosion 21 (1965) S. 274

27) Gmelins Handbuch der anorganischen Chemie,
    8. Aufl.
    "Chrom", Teil B, System-Nr. 52
    Ed.: Verlag Chemie GmbH, Weinheim (1962) S. 158-159

28) Kubaschewski, O., E.LL.Evans und C.B. Alcock
"Metallurgical Thermochemistry", Datentabellen
Ed.: Pergamon Press, London (1967)

29) Gulbransen E.A. und K.F. Andrew
J. Electrochem. Soc. 99 (1952) S. 402-406

30) Hay, K.A., F.G. Hicks und D.R. Holmes
Werkstoffe und Korrosion 21 (1970) S. 917-924

31) Warstaw, I. und M.L. Keith
J. Amer. Cer. Soc. 37,1 (1954) S. 161-168

32) Lewis, H.
in: Journees Internationales D'Etude Sur l'Oxydation de
Métaux
(1966) S. 110-116
Ed.: Societe d'Etude, de Recherches et d'Applications pour
l'Industrie,
Brüssel, Belgien

33) Graham, H.C. und H.H. Davis
J. Amer. Cer. Soc. 54 (1971) S. 89-93

34) Springer, J.
Oxidation of Metals, 5,1 (1972) S. 49-58

35) Pfeiffer, H. und H. Thomas
"Zunderfeste Legierungen"
Ed.: Springer-Verlag, Berlin, Göttingen, Heidelberg
(1963) S. 70-83

36) Tylecote, R.F.
J. Iron Steel Inst. 196 (1960) S. 135-141

37) Tylecote, R.F.
J. Iron Steel Inst. Met. 195 (1960) S. 380-385

38) Hansen, M. und K. Anderko
"Constitution of Binary Alloys", 2 nd Ed.
Ed.: McGraw-Hill Book , Inc. New York, London,Toronto
(1958) S. 195-197, 203-204, 491-493, 550-555, 696-700

39) Krajewski, W., J. Krüger und H. Winterhager
Kobalt Nr. 47 (1970) S. 72-77, Nr. 48 (1970) S. 108-114

40) Hedden, K. und G. Lehmann
Arch. Eh.-Wesen 35 (1964) S. 839-846

41) Merchant, H.D.
Oxydation of Metals 2,2 (1970) S. 245 - 253

42) Wagenheim, N.T.
Kobalt 48 (1970) S. 115 - 125

43) Bungardt, K.
DEW-Techn. Berichte 9,2 (1969) S. 146 - 162

44) DeBrouwer, J.L. und D. Coutsouradis
Kobalt 32 (1966) S. 125-130

<u>Tabelle 1:</u>

Zusammensetzung und einige physikalische Eigenschaften
der untersuchten Co-27Cr-21Fe-Legierung. [1,3,5-8]

Zusammensetzung [Massen-%]:

Co	47-52
Cr	26-30
Fe	21-23
C	0,05-0,12
Rest	Si,Mn,S,P

Liquidustemperatur:	1395°C
Solidustemperatur :	1380°C
Dichte :	8,05 $[g/cm^3]$
Wärmeausdehnungskoeffizient (0-1000°C) :	$16,8 \cdot 10^{-6}$ $[K^{-1}]$
Wärmeleitfähigkeit:	0,09002 $[J/cm.s.K]$

Zugfestigkeit (geschmiedet)

(σ_B) R.T.:	924 $[N/mm^2]$
1000°C :	79 "
E-Modul:	218000 "

Zeitstandfestigkeit (1000h):

gegossen 950°C	11 $[N/mm^2]$
geschmiedet 700°C	117 "
900°C	18 "

Vickershärte: R.T.; HV_{100}:

gegossen :	2453 $[N/mm^2]$
geschmiedet :	3434 "

800°C; HV_5 :

gegossen :	1050 $[N/mm^2]$
geschmiedet :	1570 "

Tabelle 2: Ermittelte Zunderkonstanten und weitere Meßdaten der thermogravimetrischen Oxydationsversuche an einer reinen Co-27Cr-21Fe-Legierung sowie mit Zusätzen an 2,1% Au, 2,5% Pd bzw. 0,54% Pt bei Temperaturen zwischen 1000 und 1300°C

Legierungszusammensetzung [Massen-%]	Korrosionsgas	Versuchstemp. [°C]/[K]	$\frac{10^3}{T}$ [K^{-1}]	Probengew.- zunahme [mg]	Zunder- konst. K_{2O} [$g^2 / m^4 \cdot h$]	lgK_{2O}	Graph. interpol. lgK_{2O_T}	K_{2O_T}	Versuchsw. Temp. [°C]
52,3Co;26,4Cr,21,3Fe	Stickstoff	1109/1382	0,724	8,56	49	1.6902	1.667	46,45	1100
		1210/1483	0,674	12,15	97,5	1.9890	1.958	90,78	1200
	Luft	1167/1440	0,695	2,88	8,4	0.9243	0.315	2,07	1100
		1221/1494	0,67	5,96	23,6	1.3729	1.18	15,14	1200
		1298/1571	0,636	13,47	139,2	2.1436	2.15	141,25	1300
	reiner Sauerstoff	1008/1281	0,781	2,2	5	0.7	0.66	4,57	1000
		1105/1378	0,726	4,28	15,6	1.1931	1.17	14,79	1100
		1200/1473	0,679	6,78	38,8	1.5888	1.605	40,27	1200
		1296/1569	0,638	10,0	97	1.9868	1.995	98,86	1300
+ 2,1% Au	Luft	1002/1275	0,784	1,35	2	0.3010	0.285	1,93	1000
		1103/1376	0,727	2,57	7,6	0.8808	0.865	7,33	1100
		1209/1482	0.675	4,5	26	1.4150	1.372	23,55	1200
	reiner Sauerstoff	1004/1277	0,783	1,15	2	0.3010	0.29	1,95	1000
		1112/1385	0,722	3,12	10,5	1.0212	0.955	9,02	1100
		1219/1492	0,67	6,07	43	1.6335	1.525	33,5	1200
		1309/1582	0,632	12,1	120	2.0792	2.035	108,39	1300
+ 2,5% Pd	Luft	1023/1296	0,772	8,27	51	1.7076	1.482	30,34	1000
		1103/1376	0,727	20,55	288	2.4594	2.435	272,27	1100
		1219/1492	0,67	42,3	1553	3.1912	3.073	1183	1200
	reiner Sauerstoff	1003/1276	0,784	1,53	2	0.3010	0.30	2	1000
		1103/1376	0,727	2,5	5	0.699	0.687	4,86	1100
		1229/1502	0,666	5,77	27	1.4314	1.075	11,89	1200
		1309/1582	0,632	17,1	255	2.4065	2.30	199,53	1300
+ 0,54% Pt	Luft	1018/1291	0,775	1,73	2	0.3010	0.18	1,51	1000
		1113/1386	0,722	4,42	16	1.2041	1.152	14,19	1100
		1209/1482	0,675	6,54	41	1.6128	1.582	38,19	1200
	reiner Sauerstoff	1024/1297	0,771	0,96	1	0.1	-0.122	0,755	1000
		1119/1392	0.718	3,27	8	0.9031	0.73	5,37	1100
		1207/1480	0,676	6,8	50	1.6990	1.64	43,65	1200
		1312/1585	0,631	8,16	334	2.5237	2.54	281,84	1300

Tabelle 3 : Ermittelte Zunderkonstanten und weitere Meßdaten der thermogravimetrischen Oxydationsversuche an einer Co-27Cr-21Fe-Legierung mit Zusätzen an Kohlenstoff sowie erhöhten
Chrom-Konzentrationen bei Temperaturen zwischen 1000 und 1200°C

Legierungs- zusammen- setzung [Massen-%]	Korrosionsgas	Versuchs- temp. [°C] / [K]	$\frac{10^3}{T}$ [K^{-1}]	Proben- gewichts- zunahme [mg]	Zunder- konst. K_{20} [g^2/m^4.h]	lgK$_{20}$	graphisch interpol.Versuchswerte		
							lgK$_{20_T}$	K$_{20_T}$	Temp. [°C]
52,3Co;26,4Cr; 21,3 Fe; +0,27%C	Luft	1117/1390	0,72	6,0	30	1.4771	1.40	25,12	1100
		1220/1493	0,67	9,7	87	1.9395	1.853	71,29	1200
	reiner Sauerstoff	1000/1273	0,786	1,49	2	0.3010	0.3010	2	1000
		1110/1383	0,723	2,73	6,4	0.8062	0.75	5,62	1100
		1210/1483	0,674	5,18	27,5	1.4393	1.29	19,5	1200
+0,53%C	Luft	1120/1393	0,718	4,57	23	1.3617	1.275	18,84	1100
		1224/1497	0,668	7,4	63	1.7993	1.698	49,89	1200
	reiner Sauerstoff	1000/1273	0,786	1,67	2,6	0.415	0.423	2,65	1000
		1110/1383	0,723	3,3	10	1.000	0.955	9,02	1100
		1218/1491	0,67	5,48	31	1.4914	1.412	25,82	1200
+0,73%C	Luft	1117/1390	0,719	4,01	16	1.2041	1.062	11.53	1100
		1218/1491	0,671	9,1	34	1.9731	1.843	59.66	1200
	reiner Sauerstoff	1005/1278	0,782	2,2	5,7	0.7559	0.73	5,37	1000
		1110/1383	0,723	3,9	13	1.1139	1.06	11,48	1100
		1218/1491	0,670	6,96	53	1.7243	1.624	42,07	1200
+0,95%C	Luft	1120/1393	0,718	10,79	99	1.9956	1.922	83,56	1100
		1220/1493	0,672	14,7	216	2.3345	2.27	186,21	1200
	reiner Sauerstoff	1010/1283	0,779	2,92	6	0.7782	0.73	5,37	1000
		1110/1383	0,723	4,73	16,4	1.2148	1.148	14,06	1100
		1218/1491	0,67	10,28	91	1.959	1.835	68,39	1200
+1,27%C	Luft	1110/1383	0,723	4,47	22	1.3424	1.275	18,84	1100
		1220/1493	0,6598	10,79	122	2.8064	1.96	91,2	1200
	reiner Sauerstoff	1040/1313	0,762	3,36	11,2	1.0492	0.800	6,31	1000
		1116/1396	0,72	6,14	26,2	1.4183	1.30	19,95	1100
		1220/1493	0,669	11,18	130,3	2.1149	1.98	95,5	1200

Fortsetzung von Tabelle 3:

Legierungs-zusammen-setzung [Massen-%]	Korrosionsgas	Versuchs-temperatur [°C] / [K]	$\frac{10^3}{T}$ [K^{-1}]	Proben-gewichts-zunahme [mg]	Zunder-konstante k_{20} [$g^2/m^4 \cdot h$]	$\lg k_{20}$	graphisch interpolierte Versuchswerte		
							$\lg k_{20_T}$	k_{20_T}	Tempe-ratur [°C]
+ 3,05%C	Luft	1114/1387	0,721	3,54	12	1.0792	0.978	9,51	1100
		1220/1493	0,669	8,15	62	1.7924	1.668	46,56	1200
	reiner Sauerstoff	1020/1293	0,774	3,85	15	1.1761	1.035	10,84	1000
		1110/1383	0,723	7,79	59	1.7709	1.675	47,32	1100
		1210/1483	0,675	20,84	418	2.6212	2.545	350,75	1200
erhöhter Chromgehalt:									
30,9% Cr	Luft	1111/1384	0,723	3,27	7,07	0.8494	0.812	6,49	1100
		1216/1489	0,672	4,81	15,4	1.1875	1.142	13,87	1200
	reiner Sauerstoff	1110/1383	0,723	6,79	32	1.5051	1.48	30,2	1100
		1203/1476	0,678	8,8	51,2	1.7093	1.702	50,35	1200
34,2% Cr	Luft	1097/1370	0,73	2,89	.5,6	0.7482	0.757	5,71	1100
		1224/1497	0,668	4,23	13,6	1.1335	1.065	11,6	1200
	reiner Sauerstoff	1103/1376	0,727	3,39	10,3	1.0128	1.005	10,12	1100
		1203/1476	0,678	6,79	30,5	1.4843	1.478	30,1	1200
40 % Cr	Luft	1120/1393	0,718	3,06	6,8	0.8325	0.785	6,1	1100
		1213/1486	0,673	3,94	11,1	1.0453	1.0	10	1200
	reiner Sauerstoff	1112/1385	0,722	1,9	2,4	0.3802	0.27	1,86	1100
		1214/1487	0,673	5,2	18,1	1.2577	1.145	13,96	1200

Tabelle 4 : Vickers-Härtewerte (H_{V20}) der Co-Cr-Fe-
Legierung in Abhängigkeit vom Kohlenstoffgehalt

Legierung [Massen-%]	Vickershärte (H_{V20}) [N/mm²] Prüflast: 20 kp $\widehat{=}$ 196 N ⊄ 139°
52,3 Co, 26,4 Cr, 21,3 Fe (0,06% C)	2737
0,27 % C	3630
0,53 % C	3385
0,73 % C	3453
0,95 % C	4032
1,27 % C	4043
3,05 % C	4071

Abbildungen

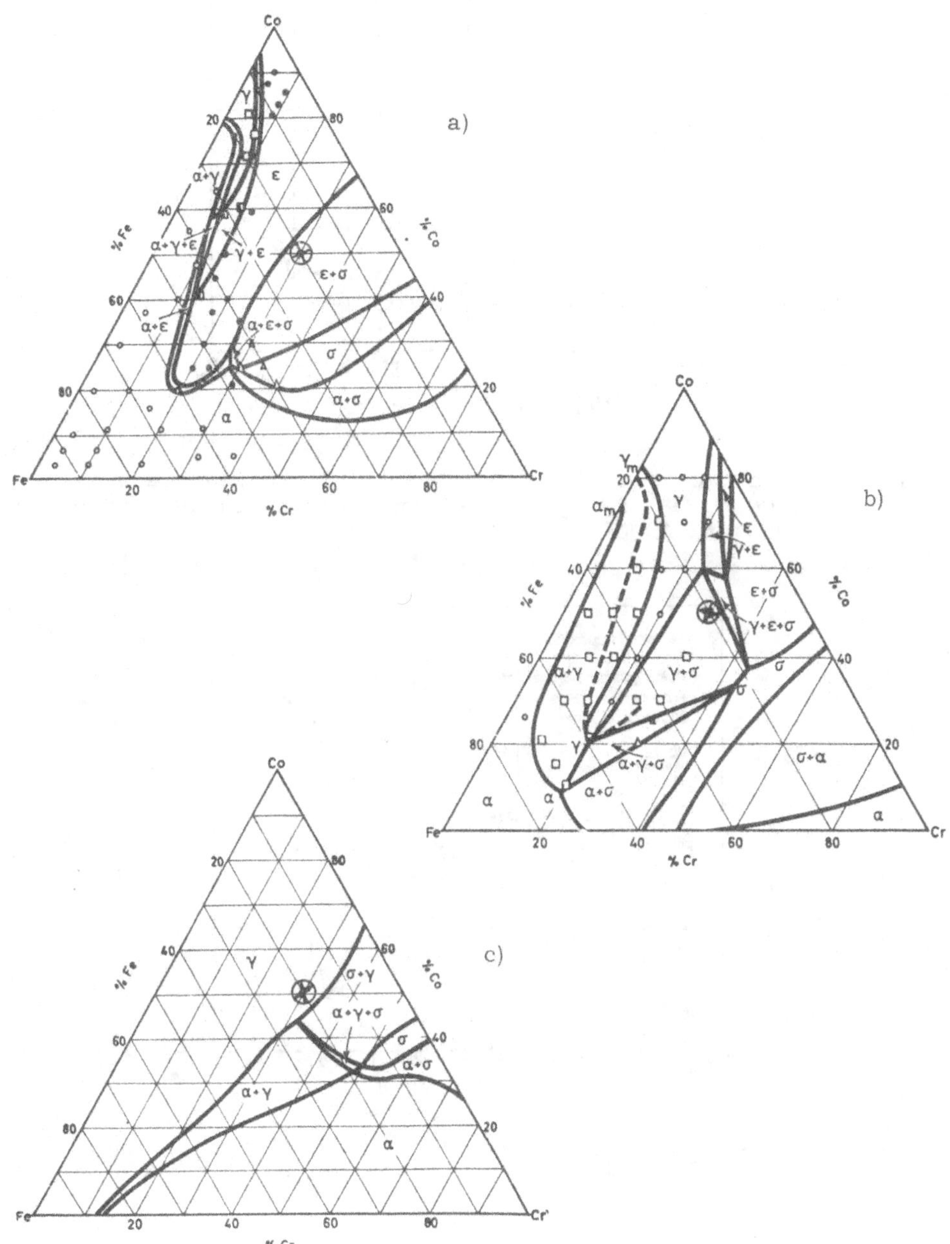

Abb. 1: Isotherme Schnitte
bei a) R.T.,   b) 700°C,   c) 1200°C
im ternären System Co-Cr-Fe[4]
(die Kennzeichnung ⊗ gibt die Lage der untersuchten
Kobaltbasislegierung "UMCo 50", an)

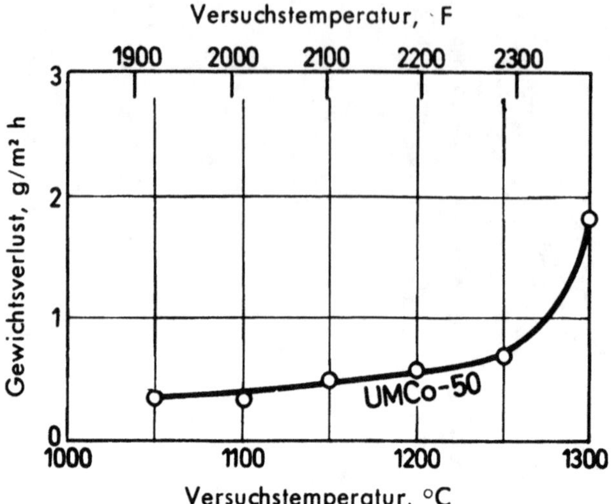

Abb. 2: Oxydationsverhalten der Co-27Cr-21 Fe-Legierung ("UMCo 50") in ruhender Luft bei Temperaturen zwischen 1050 und 1300°C [12]

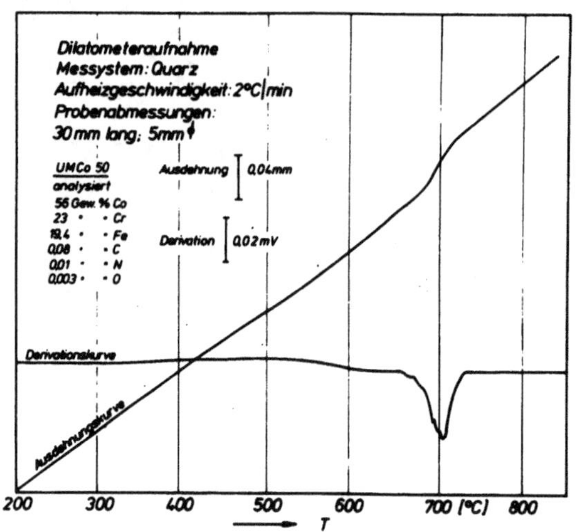

Abb. 3: Wärmeausdehnungsverhalten der Co-Cr-Fe-Legierung (UMCo 50) im Temperaturbereich von 200 bis 800°C

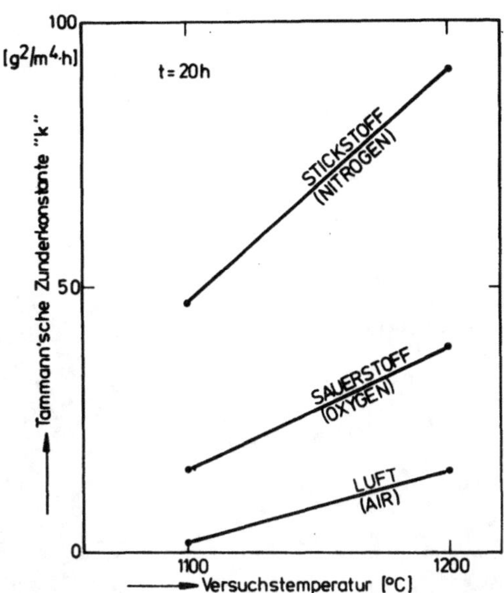

Abb. 4: Einfluß von Luft, reinem Sauerstoff und Stickstoff auf die Zunderkonstante der Co-Cr-Fe-Legierung im 20-Stunden-Versuch bei 1100 bzw. 1200°C

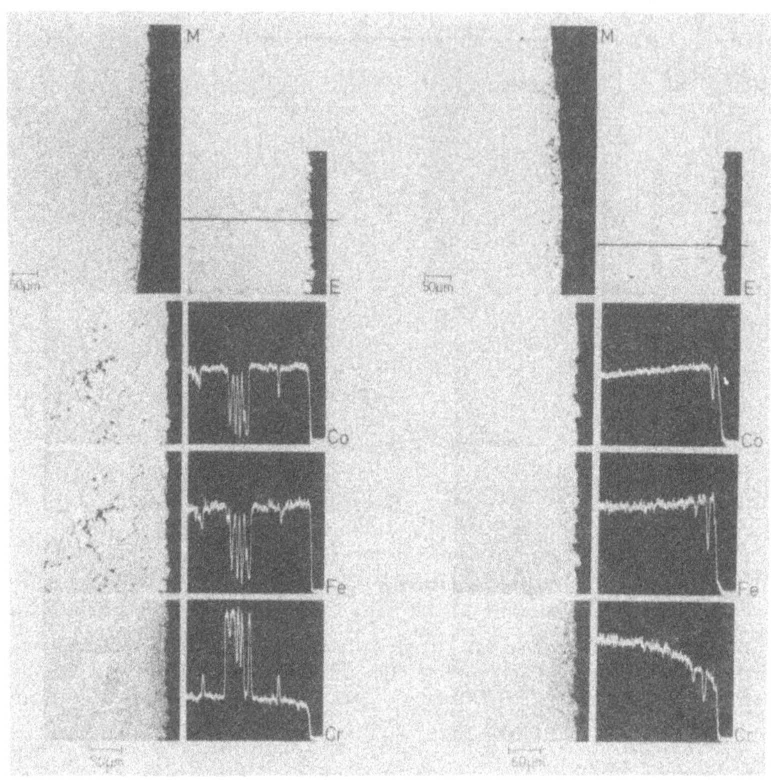

1100°C   1200°C

<u>Abb. 5</u>: Auflichtmikroskop- und Elektronenstrahlmikroanalysator-
aufnahmen einer korrodierten Co-Cr-Fe-Legierung (20 h;
1100 bzw. 1200°C; Stickstoff)
M = auflichtmikroskopisches Bild
E = Elektronenrückstrahlbild
Das jeweilige Metall-Symbol kennzeichnet das Rasterbild
bzw. die Slow-Scan-Aufnahme. Das Rasterbild gibt als
Aufhellung die Elementkonzentration, die Slow-Scan-Aufnahme das Konzentrationsprofil entlang der im E-Bild
eingetragenen Linie wieder.

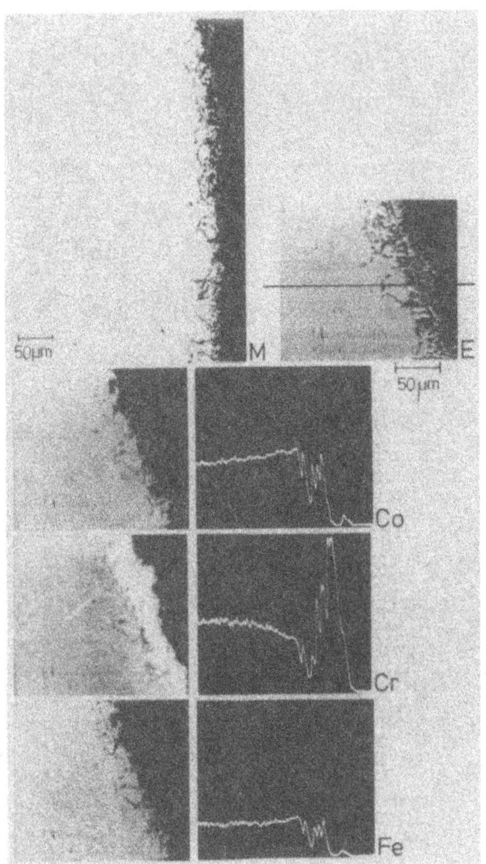

Abb. 6: Auflichtmikroskop- und Elektronenstrahlmikroanalysator-
aufnahmen einer oxydierten Co-Cr-Fe-Legierung (20 h;
1200°C; reiner Sauerstoff)

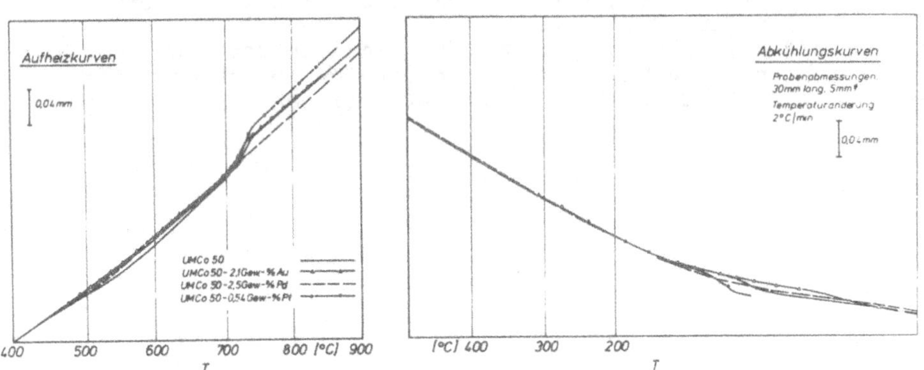

Abb. 7: Im Netzsch-Dilatometer aufgenommene Aufheiz- und Abküh-
lungskurven der reinen Legierung Co-Cr-Fe sowie der Legierungen mit Zusätzen von 2,1 % Au, 2,5 % Pd bzw.
0,54 % Pt

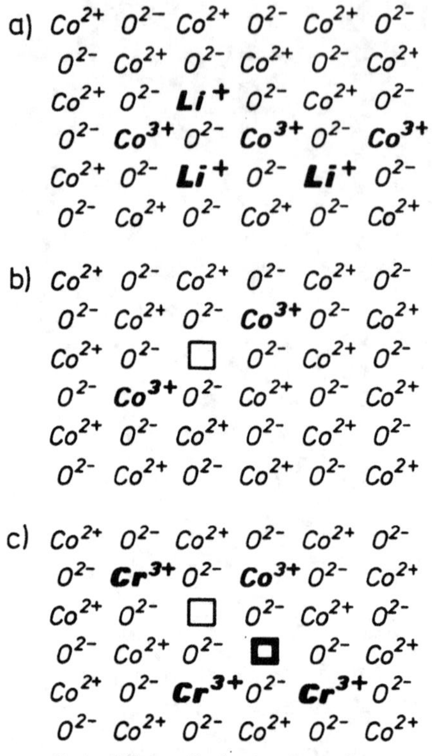

a) Co^{2+} O^{2-} Co^{2+} O^{2-} Co^{2+} O^{2-}
O^{2-} Co^{2+} O^{2-} Co^{2+} O^{2-} Co^{2+}
Co^{2+} O^{2-} Li^{+} O^{2-} Co^{2+} O^{2-}
O^{2-} Co^{3+} O^{2-} Co^{3+} O^{2-} Co^{3+}
Co^{2+} O^{2-} Li^{+} O^{2-} Li^{+} O^{2-}
O^{2-} Co^{2+} O^{2-} Co^{2+} O^{2-} Co^{2+}

b) Co^{2+} O^{2-} Co^{2+} O^{2-} Co^{2+} O^{2-}
O^{2-} Co^{2+} O^{2-} Co^{3+} O^{2-} Co^{2+}
Co^{2+} O^{2-} $\square$ O^{2-} Co^{2+} O^{2-}
O^{2-} Co^{3+} O^{2-} Co^{2+} O^{2-} Co^{2+}
Co^{2+} O^{2-} Co^{2+} O^{2-} Co^{2+} O^{2-}
O^{2-} Co^{2+} O^{2-} Co^{2+} O^{2-} Co^{2+}

c) Co^{2+} O^{2-} Co^{2+} O^{2-} Co^{2+} O^{2-}
O^{2-} Cr^{3+} O^{2-} Co^{3+} O^{2-} Co^{2+}
Co^{2+} O^{2-} $\square$ O^{2-} Co^{2+} O^{2-}
O^{2-} Co^{2+} O^{2-} $\blacksquare$ O^{2-} Co^{2+}
Co^{2+} O^{2-} Cr^{3+} O^{2-} Cr^{3+} O^{2-}
O^{2-} Co^{2+} O^{2-} Co^{2+} O^{2-} Co^{2+}

Die im Gitter auftretenden 3-wertigen Kobaltionen bezeichnen die Stellen der Defektelektronen ⊕.

Abb. 8: Schematische Darstellung der Ionen- und Elektronenfehlordnung mit
a) Abnahme der Leerstellenkonzentration und Erhöhen der Defektelektronenzahl durch den Gittereinbau von Ionen mit niedrigerer Wertigkeit als Kobalt im Vergleich zu
b) reinem CoO-Gitter und
c) dem erhöhenden Einfluß auf die Leerstellen- und erniedrigenden auf die Defektelektronenkonzentration beim Einbau höherwertiger Kationen ins CoO-Gitter

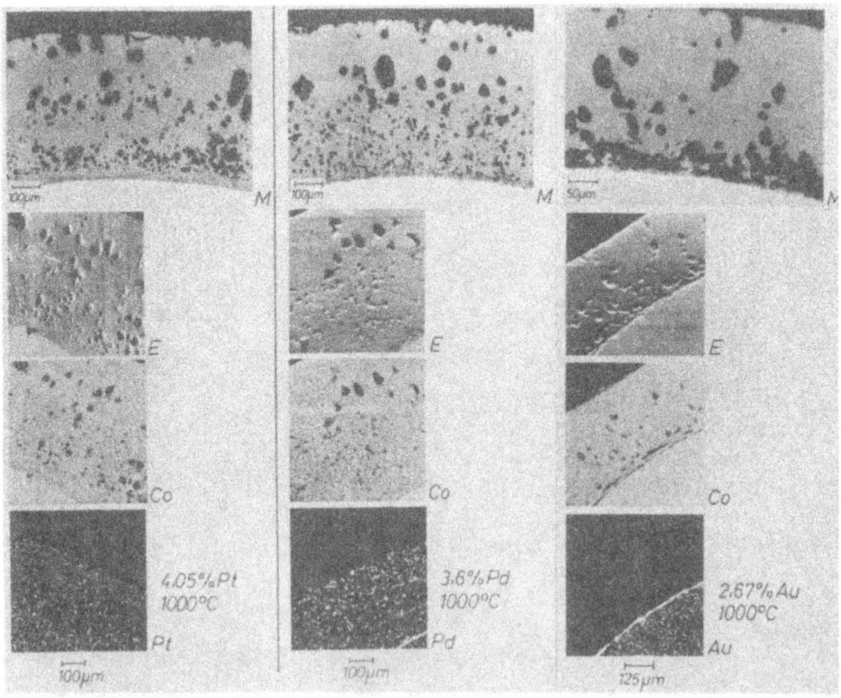

Abb. 9: Auflichtmikroskop- und Elektronenstrahlmikroanalysator-
aufnahmen von oxydiertem Co-2,67 % Au, Co-4,5 % Pt und
Co-3,6 % Pd-Legierungen (20 h; ~ 1000°C; reiner Sauerstoff)

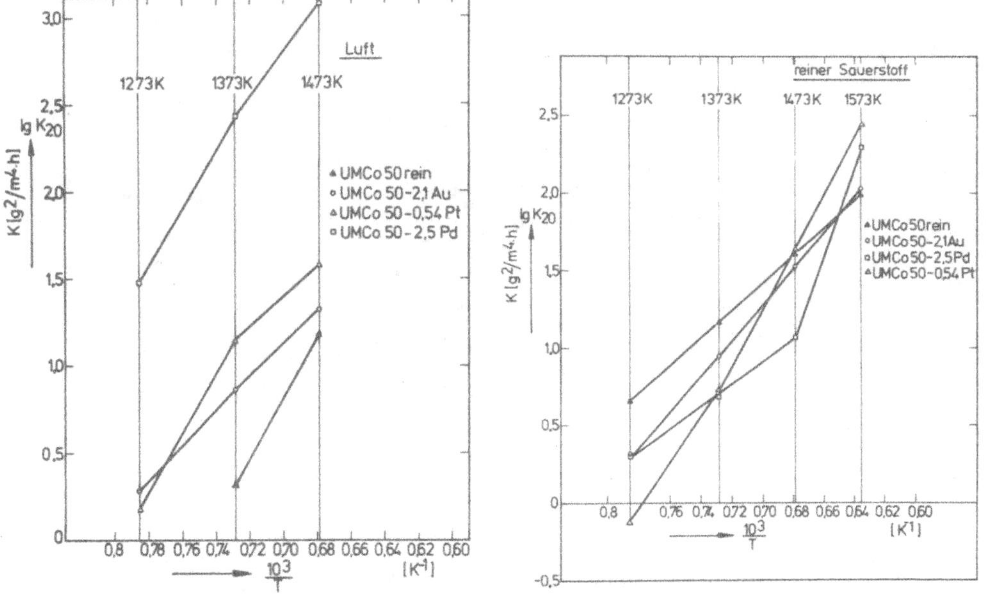

Abb. 10: Einfluß der Zusätze an Edelmetallen auf die Zunderkonstante (lg K) einer Co-Cr-Fe-Legierung (UMCo 50) bei
1000 bis 1300°C in Luft und reinem Sauerstoff

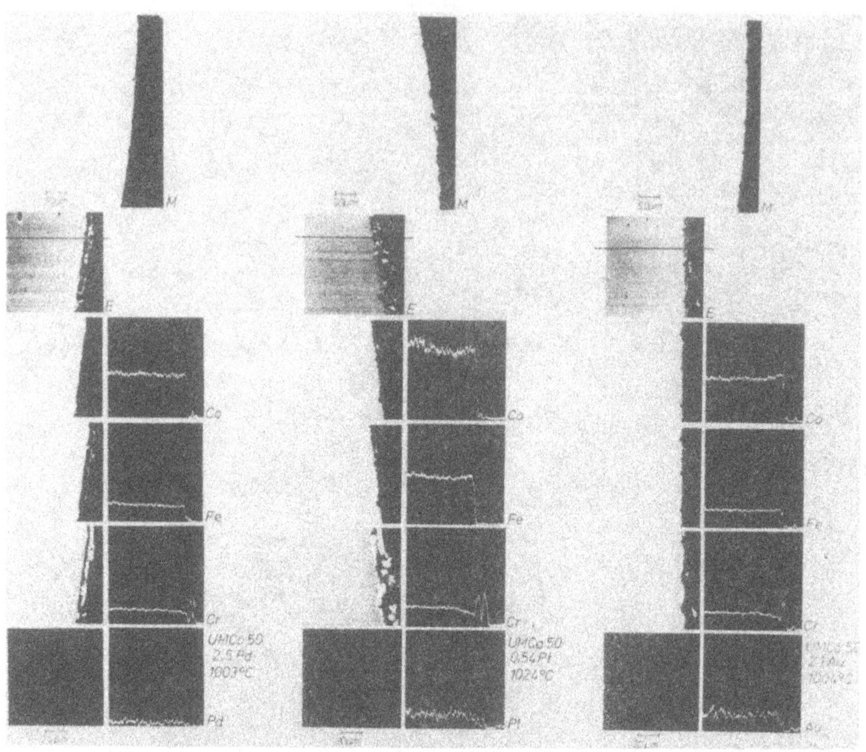

<u>**Abb. 11:**</u> Auflichtmikroskop- und Elektronenstrahlmikroanalysator-
aufnahmen von oxydierten Co-Cr-Fe-Legierungen mit
2,5 % Pd, 0,54 % Pt bzw. 2,1 % Au (20 h; ~ 1000°C; reiner Sauerstoff)

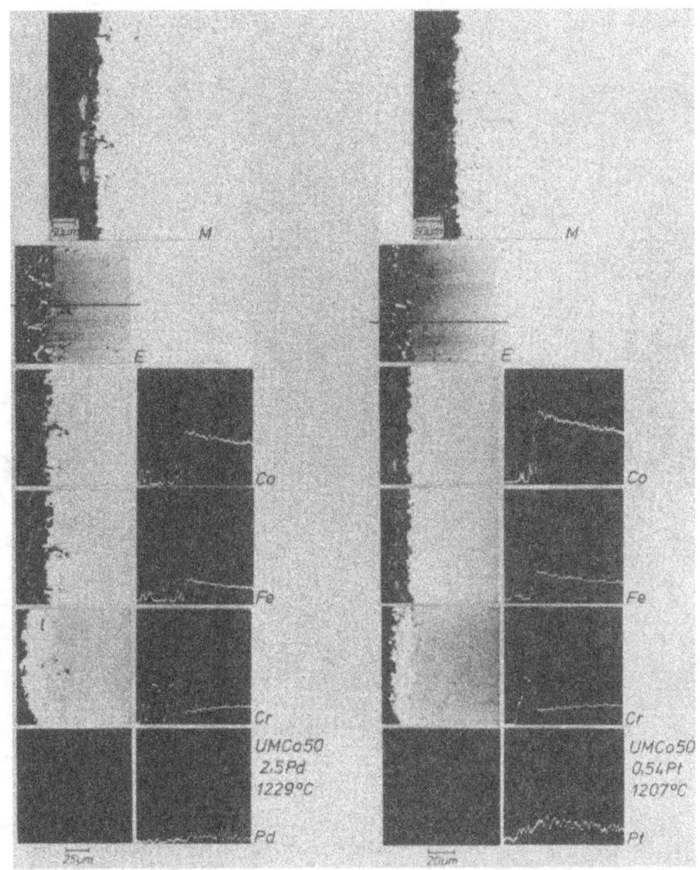

Abb. 12: Auflichtmikroskop- und Elektronenstrahlmikroanalysator-
aufnahmen von oxydierten Co-Cr-Fe-Legierungen mit
2,5 % Pd bzw. 0,54 % Pt (20 h; ~ 1200°C; reiner Sauerstoff)

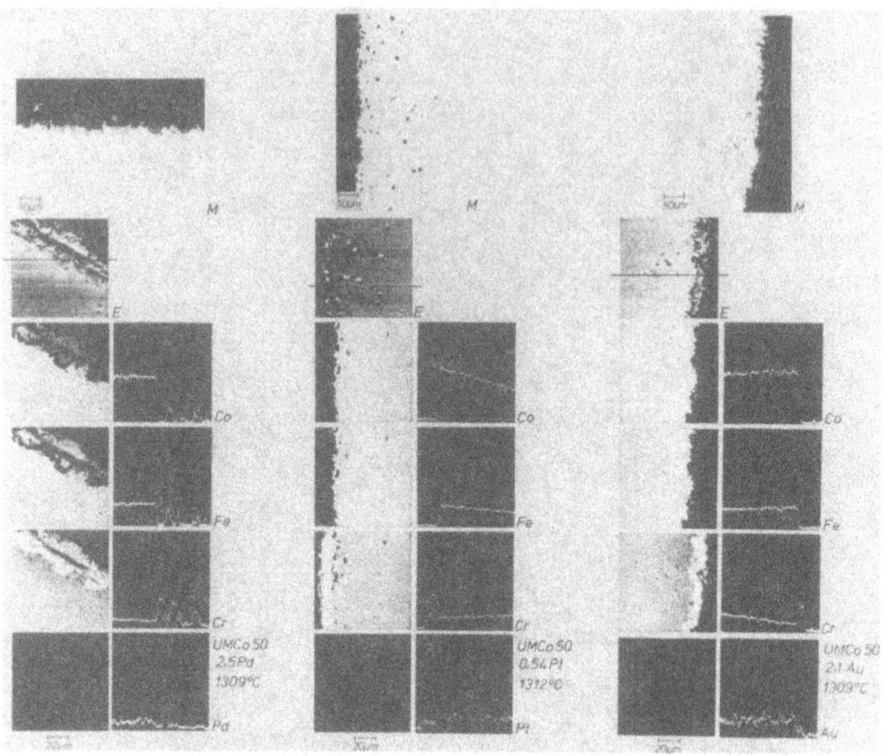

Abb. 13: Auflichtmikroskop- und Elektronenstrahlmikroanalysator-
aufnahmen von oxydierten Co-Cr-Fe-Legierungen mit
2,5 % Pd, 0,54 % Pt bzw. 2,1 % Au (20 h; ~ 1300°C; reiner Sauerstoff)

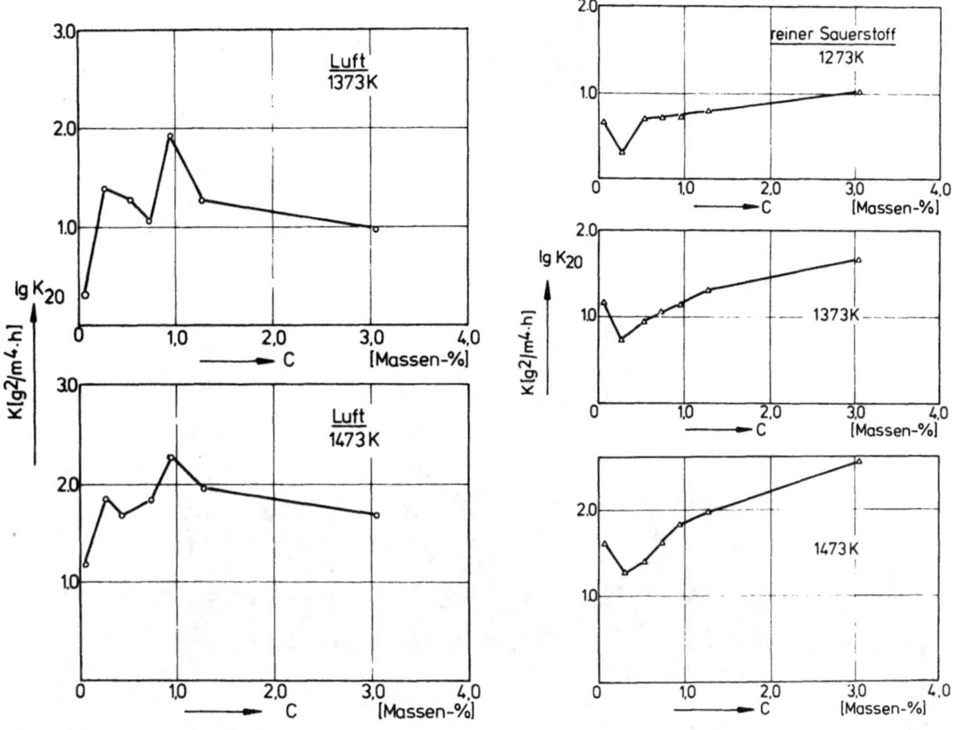

Abb. 14: Oxydationsverhalten der Co-Cr-Fe-Legierung in Abhängigkeit von Kohlenstoffgehalt bei 1100 und 1200°C in Luft und 1000, 1100 und 1200°C in reinem Sauerstoff

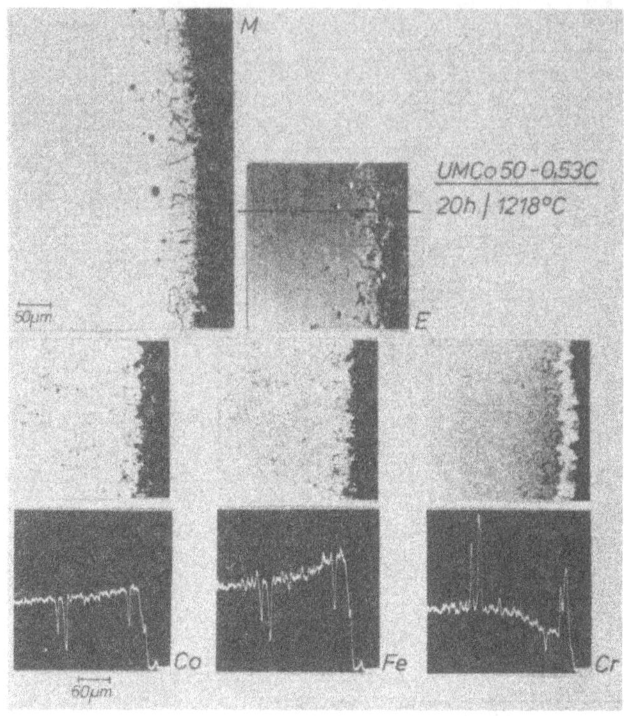

Abb. 15: Auflichtmikroskop- und Elektronenstrahlmikroanalysator-
aufnahmen der oxydierten Co-Cr-Fe-Legierung mit O,53 %
C (20 h; 1218°C; reiner Sauerstoff)

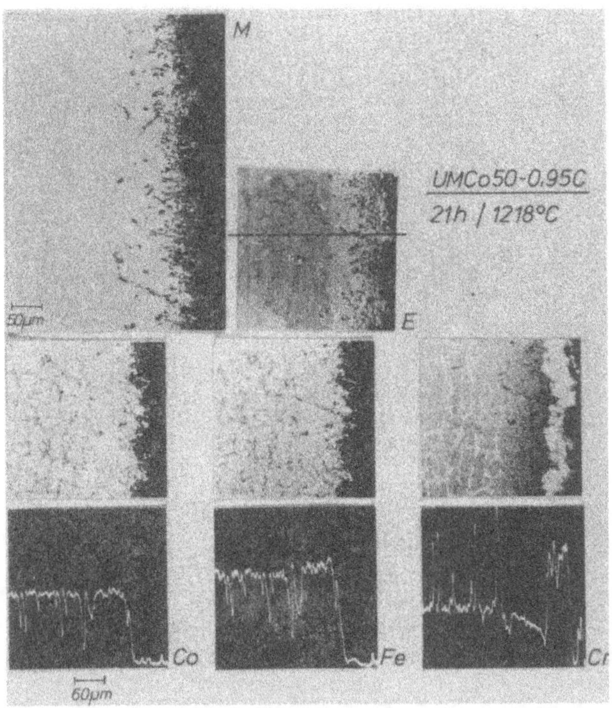

Abb. 16: Auflichtmikroskop- und Elektronenstrahlmikroanalysator-
aufnahmen der oxydierten Co-Cr-Fe-Legierung mit O,95 %
C (21 h; 1218°C; reiner Sauerstoff)

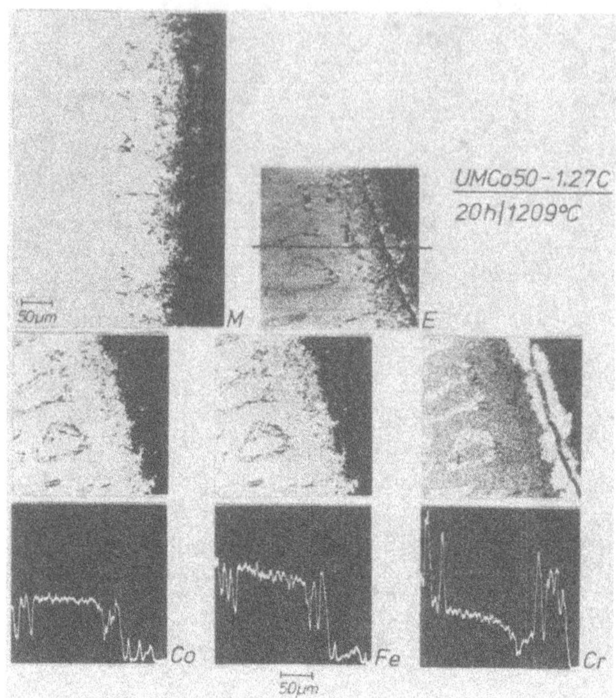

Abb. 17: Auflichtmikroskop- und Elektronenstrahlmikroanalysator-
aufnahmen der oxydierten Co-Cr-Fe-Legierung mit 1,27 %
C (20 h; 1209°C; reiner Sauerstoff)

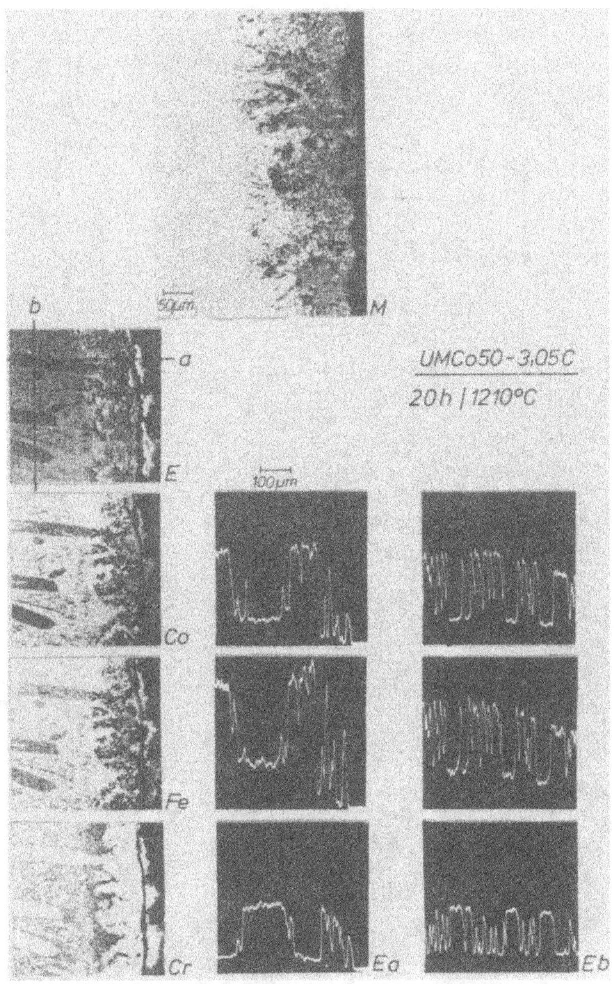

Abb. 18: Auflichtmikroskop- und Elektronenstrahlmikroanalysator-
aufnahmen der oxydierten Co-Cr-Fe-Legierung mit 3,05 %
C (20 h; 1210°C; reiner Sauerstoff)

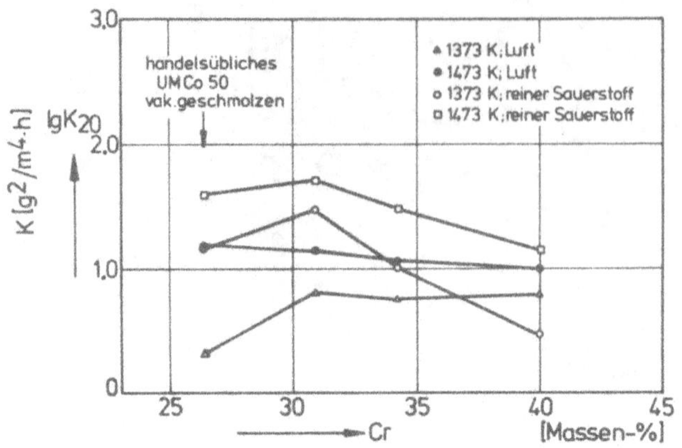

Abb. 19: Einfluß des Chromgehaltes auf die Oxydationsbeständigkeit der Co-Cr-Fe-Legierung bei 1100 und 1200°C in Luft
und reinem Sauerstoff

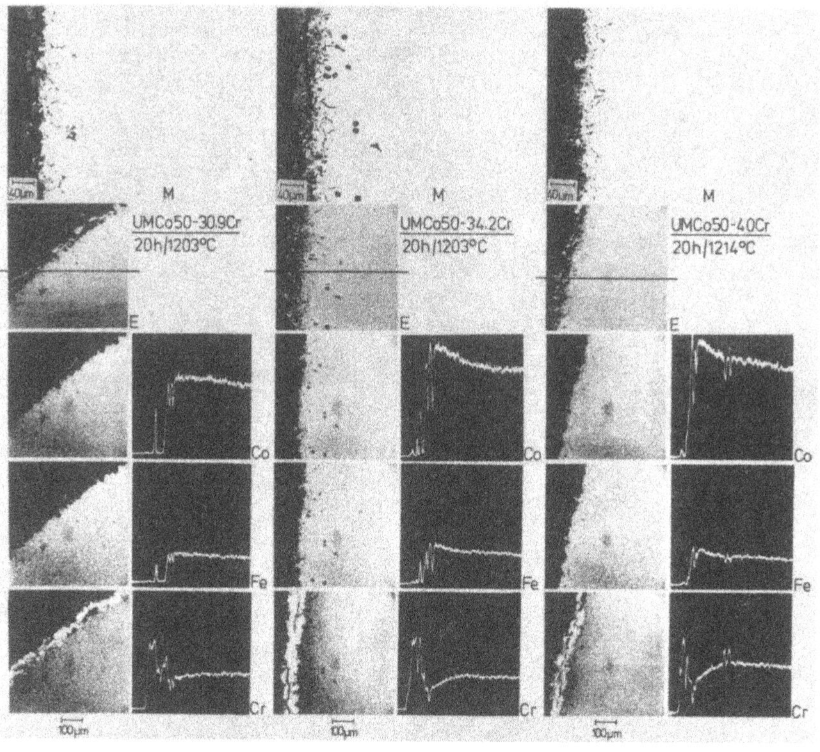

Abb. 20: Auflichtmikroskop- und Elektronenstrahlmikroanalysator-
aufnahmen von oxydierten Co-Cr-Fe-Legierungsproben mit
30,9 %, 34,2 % bzw. 40 % Cr (20 h; ~ 1200°C; reiner
Sauerstoff)

FORSCHUNGSBERICHTE
des Landes Nordrhein-Westfalen

Herausgegeben
im Auftrage des Ministerpräsidenten Heinz Kühn
vom Minister für Wissenschaft und Forschung Johannes Rau

Die »Forschungsberichte des Landes Nordrhein-Westfalen« sind in
zwölf Fachgruppen gegliedert:

Wirtschafts- und Sozialwissenschaften
Verkehr
Energie
Medizin/Biologie
Physik/Mathematik
Chemie
Elektrotechnik/Optik
Maschinenbau/Verfahrenstechnik
Hüttenwesen/Werkstoffkunde
Metallverarb. Industrie
Bau/Steine/Erden
Textilforschung

Die Neuerscheinungen in einer Fachgruppe können im Abonnement
zum ermäßigten Serienpreis bezogen werden. Sie verpflichten sich durch
das Abonnement einer Fachgruppe nicht zur Abnahme einer
bestimmten Anzahl Neuerscheinungen, da Sie jeweils unter Einhaltung
einer Frist von 4 Wochen kündigen können.

WESTDEUTSCHER VERLAG
5090 Leverkusen 3 · Postfach 300 620

GPSR Compliance
The European Union's (EU) General Product Safety Regulation (GPSR) is a set
of rules that requires consumer products to be safe and our obligations to
ensure this.

If you have any concerns about our products, you can contact us on

ProductSafety@springernature.com

In case Publisher is established outside the EU, the EU authorized
representative is:

Springer Nature Customer Service Center GmbH
Europaplatz 3
69115 Heidelberg, Germany